实力设计师

经典家装分享

《实力设计师经典家装分享》编委会 编

潮流前沿精选案例 细节精选精益求精

电视墙设计

化学工业出版社

·北京·

编委会主任

许海峰　张　淼

参加编写人员

郭　胜　何义玲　何志荣　廖四清　刘　琳　刘秋实
刘　燕　吕冬英　吕荣娇　吕　源　史樊兵　史樊英
郇春园　姚娇平　张海龙　张金平　张　明　张莹莹
王凤波　高　巍　葛晓迎　郭菁菁

图书在版编目(CIP)数据

实力设计师经典家装分享. 电视墙设计 / 《实力设计师经典家装分享》编委会编. —北京：化学工业出版社，2014.3
ISBN 978-7-122-19549-4

Ⅰ.①实… Ⅱ.①实… Ⅲ.①住宅－门厅－室内装饰设计－图集②住宅－装饰墙－室内装饰设计－图集 Ⅳ.①TU241－64

中国版本图书馆CIP数据核字(2014)第011305号

责任编辑：王　斌　林　俐　　　　装帧设计：锐扬图书

出版发行：化学工业出版社(北京市东城区青年湖南街13号　邮政编码100011)
印　　装：北京画中画印刷有限公司
889mm×1194mm　1/16　印张 7　2014年 3 月北京第 1 版第 1 次印刷

购书咨询：010-64518888 (传真：010-64519686)　售后服务：010-64518899
网　　址：http://www.cip.com.cn
凡购买本书，如有缺损质量问题，本社销售中心负责调换。

定　　价：39.80元

实力设计师经典家装分享

电视墙

DIANSHIQIANG

卡其色光泽背景用来做内衬再合适不过，整套家居简单明了，好似用简笔画勾勒出的图，井然有序而不失整洁。色泽的典雅才能更加衬托出西方极简主义的独特美妙，别出心裁，独到秀气。

略带斑驳的咖色花纹打底，横上几条亮片丝带割裂空间，使其更富有层次感。复式吊灯更增添了恢弘大气的感觉。

浅色调略带光泽，能清晰地印出天花板的痕迹，配合整个家装的简约气质，柔和而不失温度。亮色还有视觉扩充感，光与线条的完美结合更加挥洒了自然与自由之美，带给人不同一般的视觉感受。

米色方格电视墙，配合略带碎花的客厅，恰到好处的颜色搭配，加上电视上方两束昏黄的灯光，透露出一股暖融融的人情味。

整个看上去有色彩斑斓的感觉，上下部分的粉红点点配合中间部分斑斓的线条，生机盎然，活泼动感。

层次感是它最大的亮点，横条状凹凸有致的米色壁纸轻柔而不刺眼，再加上米白色框架镶嵌，相得益彰。颇具设计感的背景墙将其独有的美学特点一一释放，整体协调，充分利用了每一寸空间。

蓝色圈点的丝带横在浅色壁纸上，使得背景的颜色不那么单调，配合整套家居的特点，整体感觉大方自然，既不繁复也别有特点。

中国传统印染系列灰色花纹做底，吸引力十足却不浮夸，给单色系的窗帘家具等平添了几丝气质。选择的是自然的柔和色彩，在组合上搭配得体，大方而又富有韵味，避免繁琐，自然的气息扑面而来。

如印泥般有质感的咖色方格做背景，而整套家居的特点则是金碧辉煌，如此一来，背景墙倒不失优雅，具有中世纪宫廷复古意味，贵气十足。

黑色相框，乳白色的背景由浅黄分割成多块菱形，倒也显得格外雅致。而茶几墙壁是统一的简约格调，是深居简出人群的心头大爱，让人身心舒畅，毫不吝啬地感受其实用性和舒适度。

绵延恣肆的山川河流做底图，大家风范自不必说，周边灰褐色的条框更是反衬了整个浅色的图景，整个背景墙将主人的气度非凡衬托无遗。

由外向里层层推进，颜色渐深，而颜色交错的分割点具有独特的线条美。两侧相框里疏影横斜的图案趣味不减，在清新洁净的环境里，阳光仿佛照进了心里。

淡化了皇家传统的黄色，配合乳白色的墙壁，简约却把古往今来经典的搭配展现在了眼前。线条明了，没有多余的装饰，平实中不露声色地透露着气派，缔造了一个令人心驰神往的写意空间。

此时无声胜有声之美，明亮色泽的白色背景已经是极好，而周围镂空的墙壁繁复雅致，一简一繁，胜在协调，一切都是那么地平静、舒适、安逸、祥和。

整面墙是米黄色与乳白色的中和，菱形分割为简约大气的空间增加了层次感。只需要在电视下面放几件简单的工艺品，一切便已足够。营造出了一种使得空间尽情挥洒的神韵，源远流长。

即便是电视背景墙，也有足够空间发挥创意，比如这左右两边的格子架，上方相框的摆设，既增添了书香气息，又不至落入俗套。

梅兰竹菊的花纹打底，加上百搭的深咖色，拉长的电视墙便成了融合西方极简风以及中国传统文化的艺术品。

喜鹊这一吉祥如意的象征加上几棵树木枝干的图样，即使是简约的家居风格，也具有了新鲜生动的感觉。在给予空间生命力的同时也饱含着文化情趣。运用简化了的线条，构建出清新大气的轻松空间。

回环转折的原木框架衬托出电视墙中式风格的古朴和洗练，中间的图样如大河汹涌，栩栩如生而古典雅观，大大提升了原质感的对比效果，在表达尊贵的同时还增添了现代艺术效果，家具同样考究。

中国红的原木家居简约大气，也只有象征着王者至尊的紫色之高贵，方能与之搭配。整套家居充满了浓郁的传统韵味。

鹅黄配米白，融融的暖色调构建起了大气整洁的背景，辅之以两侧洁白的软装饰，整个房间充满了温馨透亮的感觉。既有西式简约风格的元素，又具有强烈的时代感元素，让人在纷扰和闲适中找到平衡。

黑色的背景与呼之欲出的白色树木浮雕，经典而不失雅致。水晶灯的凹凸有致彰显了整个房间的立体感，两侧红色的玫瑰花篮增色不少。

越是简约越是端庄，轻微的弧度打底，给淡蓝纹路的背景墙平添了几分可爱轻松的年轻范儿。沙发的纯色与方格对应，小清新味扑面而来。整体显示出了空间与人文的和谐共融，凸显出主人的精神文化情趣和审美高度。

米白遇上柠檬黄，色调轻松，而白绿相间的沙发更是平添了几分新意，活泼生动的颜色配搭更加适合年轻人生活的节奏。

纹路细致的背景奠定了大气的家居风格，紫色和黑色的家具使得房间装饰柔和而不失庄重，加上墙壁上冷色调的装饰画，风格更为沉稳。

对于略小的电视墙，层次秩序最能给人视觉扩充感。浅灰色条纹和玉米色的衬托相得益彰，旁边的绿植更增添了空谷幽兰的气质。摒弃了过于复杂的装饰线条，将怀古的浪漫情怀与现代人对生活的需求相结合。

大空间的装饰可繁可简，简约之风则需要用层次做衬托，而层次只需要选取白色或者原木色，经典时尚，恒久流传。

用一幅心水的经典画做背景，既别出心裁又趣味盎然。原木框架将空间风格成几部分，而每一部分都是清雅别致的构成，泛着岁月的气息，处处给人以尊重、高雅的感觉，整体又统一。

中世纪复古式装潢讲究贵族气质的和谐，而宫廷白色的拼接作为电视墙，是嵌入碎花清新地板与宫廷风格吊灯的最完美搭配，体现了新古典主义风格的典雅，显示出豪华、富丽堂皇的特点。

黄色与白色也能搭出时尚简约风。菱形分割的米色电视墙，加上纯黑亮色嵌入背景，而周围只需摆放少量工艺品或绿植就已完美。

米白色菱形拼接背景，镶嵌条纹层次丰富的框架，使得本来的单色调看上去丰富了几许，拉长的高度起到了扩张视觉的作用。水晶吊灯的反射与地面呼应，使得空间层次更加分明清晰。

纯白色做里，外部是纯蓝与米白的混色细花，简洁的颜色相交融，清澈柔和，配合乳白色的地板和沙发，倒有一番海景房的感觉。

中国风的经典红木回转框列在两侧，中心部分是青灰色砖墙感觉的壁纸，浓郁的民族特色，既古朴又别致，像极了江南小镇的沿河街道，犹如一方记忆，进退自如，优雅而从容，这也是一种期待。

复式内置楼梯的居室，电视墙恰到好处地采用了极简的风格，只用一壁亮白色为背景，壁纸采用细条状，缓冲了较为狭窄的空间带来的紧缩感。

极为现代化的线条感，融合巴洛克风格的浅灰色宽线条拼接黑色细线条，将西方艺术不着痕迹地融入，动感而时尚。

光亮色泽的大理石花纹壁纸，能够反射出整个房间，与深褐色大理石式样地板相呼应，沉稳又不失大气。通过软装饰的抽象、归纳，以现代的设计手段与表现手法，体现了西方文化的极简与沉稳。

米白色壁纸印上暗色碎花，使得整个色调更为柔和。房间的格调为优雅的芭比风格，但却舍去了繁复大花的俗套，精简大方。

鹅黄色打底，青绿色蒲公英印在乳白色的壁纸上，镶嵌其中，柔和又带有靓丽之色彩，与乳白色门框相得益彰，整个房间显得高贵淡雅。

深幽的浅褐色方块与亮黑色长条的拼接，大气又动感，迎合了追求极简风的精英人士，但并不显得单调，而是具有浓郁的现代气息。

暗褐色为底，用白色斑点的调和出一些不规则的图案，使得背景墙更增加了几分稳重的感觉。而电视柜的纯黑色与背景墙搭配完好，同出一个色系，沉稳与庄重感不言而喻。

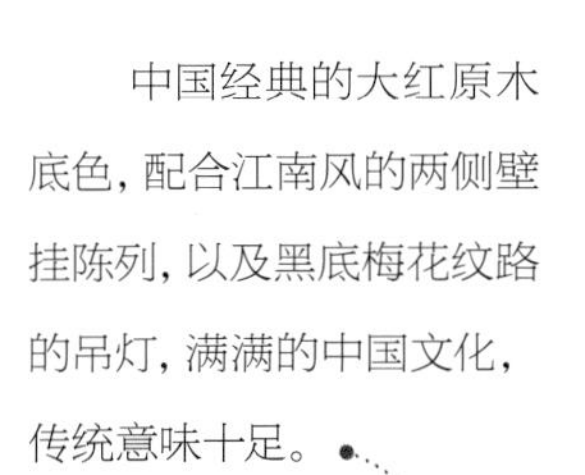

中国经典的大红原木底色，配合江南风的两侧壁挂陈列，以及黑底梅花纹路的吊灯，满满的中国文化，传统意味十足。

浅色纹路的长条拼接背景，辅之以两侧深色纹路的软装饰，用最为简洁的风格搭配出了不失温度却又高端时尚的风格。

对于超大显示屏的电视，背景墙主要起到了烘托作用。深卡其纹路，上下用稍微圆滑的柱状黄色搭配，既不哗众取宠，又有独特的设计感。是一种大胆的舍弃与扬弃，体现了中西设计元素精华的融合。

乳白色砖墙感的壁纸已经将南方小镇的元素融合了进来，而海军蓝的细条纹沙发更是与之相照应，摆放的工艺品也是画龙点睛之妙笔。

黑白相间的细条纹具有现代气息更兼具设计感，客厅的米黄柔和色调与之中和，整个家居不仅档次有所提升，还不显单调。

这款壁纸如同在素白的画布上泼墨调出了活泼灵动的花纹，水墨韵味更显格调之优雅，配合中国红的台灯，经典与时尚的结合，仿佛再现了江南水乡风貌，直指内心的一种向往，意欲唤醒心灵的人文记忆。

橘黄色的画布被几抹白色以及深褐条纹回转开，生机无限又有别样韵味，浅色条纹的沙发以及乳白框的窗户，平添了几分趣味。

骑士风格的复古吊灯，一定要用深褐条纹才能与之配搭协调。而亮度十足的浅褐打底，使得房间颇有富丽堂皇之感。

细条的浅色最有人情味，在整个色调以白色为主的房间，平添了几分趣味，打破单调，却也毫无矫揉造作之感。

灰色雕花的壁纸采用嵌入式内置，增加了层次感，能够一眼收纳眼底却又包纳西方艺术感，棱角分明，具有浓厚欧洲风味，能够迎合沉稳的精英人群，来消除工作的疲惫，忘却都市的喧闹。

中国红融合灰褐色，配合亮色花纹雕饰，沉稳大气兼具贵族气质。简单别致的吊灯与之搭配，繁复有秩。

浅灰质地的壁纸上勾勒出寓意富贵吉祥的花朵枝丫，简洁美好。邻边的浅绿色窗帘收具一侧，色调柔和清丽，更符合中国人较为内敛的审美观念。无疑，这是一个能让人享受安静祥和的环境。

夸张的复古色样板图拼接，调和开了重重的褐色，而家具的装饰则采用极简风格，同时收纳中世纪复古的格调与现代线条美。

鉴于整个房间低调简约的单色调，背景墙别出心裁地采用雕花乳白色，质地感强烈，适合偏爱精简风格的人群。

巴洛克式的背景墙，奢华又不失浪漫主义，片片暗纹融合了绘画艺术，增添了空间感和立体感。欧式古典的设计风格对层次有着要求和考虑，而这类背景墙却恰到好处地表达出了造型的精美和色彩的浓烈。

舍弃俗艳炫耀式的浮夸，让时尚简约成为主打，不过是简单的原木色，却好像是一抹画布，静物也增添了韵律感。

空间面积和背景墙的对比衬托出了素雅温馨的味道，背景墙注重线条搭配和颜色的协调，反对过度简单，却又有人情味。

田园风格的背景墙，象牙白遇上鹅黄色，好似成熟优雅女子含蓄内敛，从容温婉。在简单中找到生活的存在感，每一个细节都能给人带来不同的质感享受，将物质和精神契合地完美和谐。

喜爱简单，就舍弃繁复。现代的气息浓厚，然而精简的元素更加突出实物的质感，乳白色的协调对应，生活气息缓缓流出。

复古风格营造出起居室的黄昏效果，混搭嵌套式的雕花背景墙，昭示着对生活品质的追求，而两侧门框式样的摆放更具层次感。

贴近现代人的审美标准，同时延续了本民族传统文化艺术的脉络，精雕细琢，瑰丽奇巧。简单的色彩如同繁忙都市里宁静的栖息地，并不复杂的装饰却显得非常精致，起到了绝佳的装饰效果。

暖色调的背景墙配合房间的软装饰，每一个角落都有独特的享受功能，展现出了悠闲、舒畅、自然的田园生活情趣。

深色的背景墙作为整个浅色系家居的辅色，沿袭了古典欧式风格的主元素，融入了现代的生活原色，给人一丝不苟的严谨的感觉。

以白色为基调，再适当地增加富有设计感和传统元素的雕花装饰两侧墙壁，让空间更加饱满有趣。茶几、艺术品、沙发的配合，都显示了极简线条的美感。

浓郁的宫廷风格，木质的华贵与浅色方块，让空间散发出不一样的异域韵味，让喧闹变得平静，平静中又很生动，具有硬朗的气息，强化了新古典风格的直线感和夸张尺度。

黑白混合搭配，却没有尖锐的棱角，给人圆润的温柔感觉，同时极富现代感，空间与空间过渡的趣味性也值得称道。

白色为主，巧妙地分割成了框架状，给予空间更多的层次感和自由度。别致的沙发在提升舒适度的同时化解了室内一角的单调，于细节之处见到与众不同，给人惊喜，然而却并不夸张。

简欧风格继承了传统欧式风格的装饰特点，深色质地的电视墙保留了材质、色彩的感受，设计感强，追求空间变化的连续性和形体变化的层次感。

给粉红增加一点暗色，规则的白点铺陈，随性拈来。设计元素融合田园自然朴素，一切的搭配在无序而用心的构建中趋向完美。

带有原生态的质朴，又透露着独特的灵气，厚重中娓娓道来，这套背景墙可以说是一种经典，不会有过时的沉淀感。

极简风摒弃了一切无用的细节，保留本真配合房间的白色，因此塑造出了高品位的风格。而上下黑色的条框又给人增加了视觉冲击感。

白色出现在背景墙的四周，中规中矩的保护了中心的米白色，缓冲了单一色调带来的视觉疲劳感，两相对比，更富有时尚感。整个房间通透、明亮，使空间不再单调，前卫又时尚。

经典的中国传统红木质做框，书桌和窗棂更是将古典元素如围棋，茶道等纳入。点点滴滴的中国风带到家中，优雅而宁静。

不强调过度的奢华，简约即美，通过创意软装饰增添了居室积极向上的活力感，带来独特的艺术享受，而紫色的灯光增加了贵气。

白色镶嵌在黑色底布上，简单的线条却勾勒出唯美的艺术享受。黑色底布上的梅花，寥寥几笔更具传统气息。既有典雅气质又有鲜明的时代特征，不可思议地将两种对立的感觉完美地统一。

白色的背景墙连同墙壁以及吊灯都是单一白色，而黑色的电视则能给人带来视觉冲击感，面对这样极致简约的风格，让人心头为之一振。

黄白竖线条在视觉上缓冲了整个房间白色的基调，暖色调配合旁边清雅的花瓶，更显得素雅温馨。软装饰的配合，使得整个空间弥漫着奢华与浪漫的气息，精致微妙的家具也是搭配得当的一角。

中国风的元素，扇面、红木家具以及窗棂勾勒的线条回转，互相接触、碰撞，丰富而不显繁杂，旁边的绿植平添了一抹生机和活力。

简约不但是单线条就能办到，这是古典的繁复与新古典主义的代表，灰色方格打底，衬托象牙白色的中心，高贵典雅而又充满家的味道。

红木地板洋溢着奢华的气息，而红木家具同样是贵气十足，所以背景墙胜在简单，大方沉稳。

简约而不简单，突出了时代特征，但是没有过分的装饰，造型比例适度，空间结构明确，外观更加明快、简洁。

浅色碎花被白色框架包围，暖色调优雅温馨，显示出了快活的节奏，但是又带着富有朝气的生活气息。在房间里走动或者欣赏，都能够表现出不一样的透视美感，让人忍不住再多逗留一会。

层次有秩的凹凸感增加了白色的视觉效果。白色不仅经典，省去了过时的烦恼，而且使空间感极具张力，显得整洁大气。

采用棕色和实木色彩，清新古朴。置身其中，就像是亲临东方文化的汪洋之中，表达了主人对清雅含蓄、端庄丰华的东方式境界的追求。

原木色不同于繁冗复杂带来的冲击效果，而是迂回地表现出淡雅的格调，更符合中国人内敛的审美观念。同时，原木色也并不是想象中那么苍白单调，反而更加舒适，富有生命的活力。

画面感美好，黑色带有圆圈印花的电视墙给通体白色的家装带来了视觉冲击感，而旁边的绿植细线条的柔和，宛如画面。

好的设计空间必然贯穿起其中的风格灵魂，背景图里穿插着几个红色相框，简洁清晰，又释放了心中对自由的追求。

大理石融合亮色线条，搭配出了一个浪漫神秘而又时尚气息浓厚的居室环境。整体自成一派，风格简约。不至于太过跳跃，也不至于太过单调，颜色搭配极其协调，惹人喜爱。

绿色与白色相呼应，营造出时尚健康的生活态度，满足主人对休闲情调的追求，同时还缓冲了单色调带来的视觉疲劳。

浅绿、深绿与白色暗花的搭配本就有绿意盎然的生机感，而中间深绿色简单的弧度不仅别致有趣，更富现代气息。

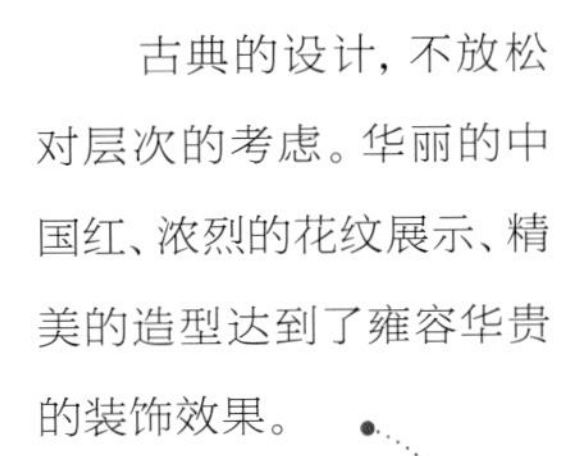

古典的设计，不放松对层次的考虑。华丽的中国红、浓烈的花纹展示、精美的造型达到了雍容华贵的装饰效果。

深褐色暗花配合黑色的边框，却只占用了中心的空间位置，这样能够对整体空间有很好的扩充效果。

好似真皮沙发的视觉效果，被星星点点分割因而不显空洞，清新明快，提升了空间的亮度，这样的背景墙结合整个空间更加具有质感。

大空间的装饰更需要分割，方能彰显空间感。中心为不规则的米色条纹，左右两侧为黑白不规则线条，更具时尚现代感。

长方形的拼接不仅简约大气，更加适合房间原木色调以及简单大方的气质，割裂感配合了整个房间的感觉。打破了呆板枯燥的平淡，更加有助于主人享受生命带来的激情与感动，优雅端庄。

白色打底，深浅褐色的搭配，彰显出了清新秀丽的田园风格，配合两侧窗帘以及金属色浓郁的雕刻窗棂，别具一格。

电视墙也可以尝试多种风格趣味，镂空感推进，亲切亦不失大气，后方空间利用起来，空间更为饱满，不规则的线条别有趣味。

奢华内涵的中国风，红木家具和浅色背景墙相得益彰。浅色缓冲视觉震撼力，作为颜色处理的方式，令房间典雅华贵，彰显经典本色。

• 原木底色，巧妙框架，整个空间精致却不繁杂，古典而不沉闷。对空间结构的适度改造，增强了设计感和建筑感。

中式古典风格，茶道、书法、扇面等丰富的中国元素，既有现代感，又将浓郁的中国特色引入进来。亲切别致，不追求奢华的气氛，却在整体的融合感体现出特有的装饰风格，以及具有年代感的恢弘大气。

采用黑色竖纹这一现代感极强的壁纸，左侧白色的门形成了颜色上的反差，造成了强烈的视觉冲击感，略带粗犷气质，摒弃繁华，干净硬朗。

看似简单的处理手法，却是对复式建筑的最好梳理，灰色纹路质地良好，加上暖灰色与咖啡色居室布置，空间画面感十足。

色调温馨，紫色线条勾勒出简单的条框，而米白色的纹路巧妙地衬托了这一色彩，端庄大气，是都市白领很好的选择。富有本色的自然元素，使得装饰在变化中有机统一起来，温情无处不在。

略带夸张的绿色竖条拼接，给典雅大气的居室增添了一丝童话小木屋的感觉，梦幻童话的装饰能够赢得一部分女性的青睐，颜色也有交相辉映之感。

对柠檬黄进行淡化处理之后加上印花，不仅档次有所提升，还更显得典雅独特，配合黑花纹的沙发，搭配良好。

设计以富有活力、颜色清新为主，简洁大方的现代风格，菱形花纹和印花玻璃窗的层次感鲜明，庄重而不失趣味，在每一个角度矜持地雕刻着永恒时光。

在淡化装修痕迹的同时，咖色暗花显得别致独特，配合沙发的造型，背景墙的简洁就显得尤为重要了，一抹清亮的颜色蕴含着温馨与大气，素净中透着华贵、优雅大方。

大体量的咖啡色块，大体量的挂画装饰，不仅充实了墙壁，还增添了画面感和梦幻的感觉。配合窗帘沙发的浓重颜色，田园气息浓厚。

虽然是简单的亮色橘黄，可色彩却似忍不住要跳出来，单色调大胆灵活的运用，不仅是对现代风格家居的遵循，还是个性的展示。

黑色与浅黄花纹的碰撞，加之少许软装饰的配搭是现代风格家居常见的装饰手法，给人带来前卫、不受拘束的感觉。材质以及颜色的诠释，空间之间的交融对比，竟让空间顿时生动了起来。

通过空间的改造，软装饰的嵌入，营造出了一个浪漫神秘、清新的居室环境。蔚蓝的海洋与童话中的灯饰给人纯真的美好。

时尚简单的背景墙因为其纯净的色彩使得空间多了几分设计元素。在装饰与布置中最大限度地体现空间与家具的整体协调。

视觉效果比较柔和、前卫，不受拘束，将对家的情感期待融入轻松明快的色彩中。一幅美丽的画卷跃然眼前，颇有几分中式建筑内廷的感觉，内向的空间，却有主有次地着意刻画出来。

古典与现代的融合，设计元素十分丰富，保留了采光点，极简主义的暗纹线条嵌入镂空回转格，奢享生活，增添了传统的韵味。

空间简洁、大气、自然，用最少的色彩创造出了丰富灵动的空间。既有温文尔雅的端庄之美，又不乏空灵感，形成空间的交融与互动。

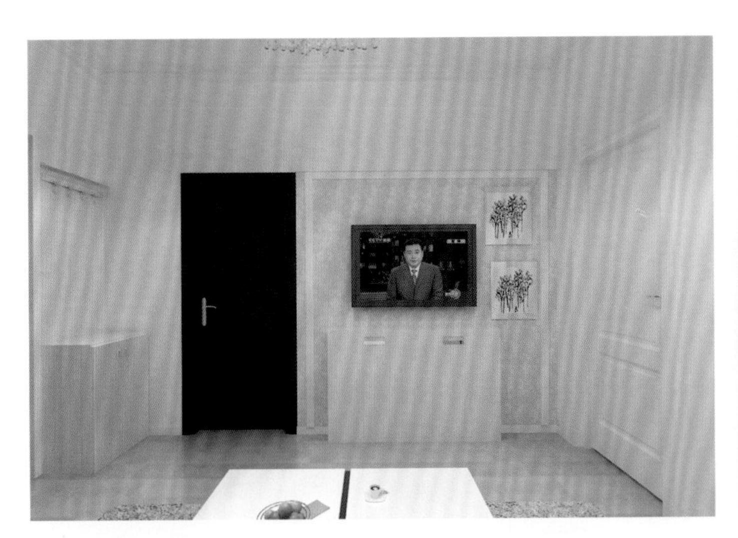

英伦邂逅优雅，具有强烈的现代特征。看似简单只有一个颜色的背景，却出人意料地采用层层推进的方式，平添了几分立体设计感。

整体空间高雅而不繁杂，从空间表现到陈设塑造，都给人一种精致的印象。和谐色调的背景墙，恰到好处的陈设，充分体现着一种格调。

细节独到精巧，浅灰色配合大理石花纹，更加素雅端庄，两侧对称的雕饰，轻巧而有韵味，与复古的吊灯相得益彰。背景墙的合理陈设，根据每个空间的特性，用不同的装饰语言娓娓道来。

暗黄底色辅之以大片花朵，颇有城市花园的美学享受。田园味道和异域风情整体协调，古朴自然，有清新的气息。

浅黄菱形的中心颜色加上暗色大花的雕饰，源于古典文化，但不是仿古复古，追求神似，尽管只是壁纸，却能给人触手可及的神秘感觉，整体宏达端庄。

简约的风格最适合繁忙的都市男女，背景用的是深黄色，点缀着一片片的叶子更具活泼灵动之感，整体效果绝佳。

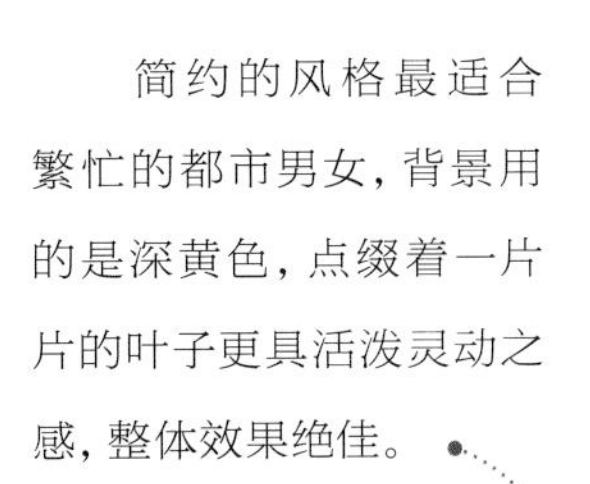

原木最贴近极简风，且有还原本真之意，采用线条拼接层次分明的背景壁纸，在精简中显露出高端和大气，认真地去演绎传统文化中的经典精髓。

电视墙作为家装的一部分，做到迎合家居风格实属不易，家居繁复，电视墙则宜选择简洁的风格图案，方能互相衬托。

里间的鹅黄色墙壁与电视墙的紫色相得益彰，暖色调更能给人家的感觉，而不规则的线条图案则增加了几分时尚感。营造的氛围不仅拥有典雅端庄的气质，更烘托出了独特的艺术气息。

皇家象征的黄色壁纸，增加了亮色，不仅产生宇宙空阔的感觉，还把时尚与贵族气质一并带了回来。不同于中世纪的繁复，更加适合内敛传统的中国人。

简约质朴的空间是绝大多数人的追求，单色系静静的陪伴，呈现出一片清新，并不拘泥于单纯的简单化。典雅和大气并存，空间整体效果融洽活泼。

白色虽然是极简主义的心头大爱，但是面积过多会显得苍白单调，镂空隔断则是不错的选择，注重文脉，使得空间感极具张力。

立体感极强的空间或垂直或水平铺展，明暗两条线索贯穿，米白和象牙白的配搭，既舒适，又彰显了文化意境。

雕花银白色的底纹，不着痕迹地将华贵气质流露了出来，配合旁边的软装饰，清雅而不失端庄。传统文化的元素通过重新组合，出现在了新的情境之中，追求品位和色彩的搭配，追求人情味。

主色调是温馨素雅，米白色加上轻松的小花朵，放置于黄色底面，象牙色勾勒出的弧度更显得富有现代艺术气息。

古朴木质的背景尤其适合偏爱传统文化的人群，落地窗将外面的阳光和绿地投射过来，田园气息悠悠释放开来。注重人文风景与室内搭配的协调，更具家的和谐温馨感。

鹅黄色的电视背景墙，漫不经心地勾勒出的几点花纹，在温馨中平添了一抹清新。纯白色素雅的沙发与鹅黄色的对应，让整个客厅显得更加浪漫，富有凝聚力。

创意十足的陈列，不事雕琢，只用原木摆架横在上面，再加上一些软装饰，舒适优雅地将这些独特的创意展露出来。

单色调的背景墙配合单色调的家具和沙发，倒也别有趣味。家的感觉从来不是多复杂，一盏幽静的灯盏，一面清新的墙壁，一席沙发，足矣。

富丽堂皇绝不是做作的代名词，经典中国风的黄色底纹壁纸，不只是背景墙，还是古老四合院入门即见的风景。中国经典的口味搭配着丰富的生活元素，将温馨的氛围一层一层地推进。

舒适、休闲又得体，这个空间并不是很大，却有着家特有的人情味气息。摒弃繁复，只用简单的暗褐色壁纸也可以做到，这才是背景墙的极致体现。

清秀雅致的家居格调，用深红色仿砖砌的壁纸，层次有秩，主次分明。主色辅色的美感都没有被掩盖，而是最大限度地发挥。

象牙色雕花别具一格，使得简单长方形拼接的米色背景也有了别样的韵味。家居格调清幽，流露出如乌托邦自由的气息。层次感鲜明更是功能性的拓展，让设计融入生活，并去改变生活。